AF461414

LES CHARBONNAGES FRANÇAIS

LA BATELLERIE

LES CHEMINS DE FER

PAR

Eugène FLACHAT

PARIS

IMPRIMERIE GUIRAUDET ET JOUAUST

338, RUE SAINT-HONORÉ

Mai 1858

LES CHARBONNAGES FRANCAIS

LA BATELLERIE

LES CHEMINS DE FER

1° Comité des houillères françaises. *De la réduction des droits imposés à la navigation intérieure.* Paris, imprimerie de Guyot et Scribe.

2° *Pétition du syndicat de la batellerie et du Comité des houillères à l'effet d'obtenir la suppression des tarifs conditionnels sur les chemins de fer et la réduction des droits de navigation sur les canaux et rivières.* Paris, imprimerie de Blondeau.

Sous les deux titres qui précèdent les concessionnaires des charbonnages français répandent avec profusion dans le public, et surtout dans les administrations publiques, un manifeste hostile aux compagnies de chemins de fer.

Ces compagnies y sont accusées : « d'avoir abusé des « tarifs qui leur étaient concédés; de n'avoir négligé « aucune occasion pour s'emparer des lignes navigables,

« ni aucun moyen pour en écraser la concurrence;
« d'être dans l'intention de relever immédiatement les tarifs aussitôt qu'elles auront paralysé la batellerie et déterminé l'abandon et la destruction de son matériel.

« Que la grande élévation des tarifs concédés présente un double inconvénient : que, lorsqu'elle est appliquée, elle pèse sur l'approvisionnement du pays en matières les plus essentielles à son industrie ; que, lorsque les compagnies n'usent pas de leurs droits, elle leur donne la faculté de créer des irrégularités qui apportent dans les fabrications industrielles de graves perturbations ; qu'enfin, en créant *la possibilité* de réductions et d'augmentations des tarifs de transports du simple au triple, elle a mis nos industries manufacturières dans des situations toujours provisoires, situations toujours préjudiciables à leur sécurité et à leur développement;

« Que les houillères joignent aujourd'hui leurs réclamations à toutes celles qui ont précédé, parce que les chemins de fer ont créé un système général de tarifs réduits à l'avantage des houilles anglaises, belges et prussiennes, contre les houilles françaises, qui a pour but avoué l'affaiblissement de la navigation intérieure, sauvegarde de l'indépendance et du bon marché des transports;

« Que les houillères ont sans cesse à se défendre contre les combinaisons des tarifs qui tendent à renverser l'ordre naturel des faits et à créer des priviléges. »

Nous compléterons ultérieurement ces citations; celles-ci suffisent pour indiquer le caractère des attaques dirigées par les concessionnaires des charbonnages français contre les compagnies de chemins de fer.

Il est assez extraordinaire de voir la guerre allumée en termes aussi vifs entre deux grands intérêts issus tous deux de la même source, à savoir, de concessions de l'Etat.

La forme de l'attaque est en elle-même aussi imprévue que le fond. Le *Comité des houillères*, composé des principaux représentants des intérêts houillers, centralise la grande industrie des charbonnages; ses membres sont gens habiles, de haute position en affaires, d'une honorabilité incontestable, et la plupart même siégent dans les conseils d'administration des chemins de fer.

Il semblait donc qu'à la faveur de relations journalières dont l'urbanité résiste toujours à la discussion d'intérêts opposés, rien ne fût si facile que de régler le différend par la voie *gracieuse*, comme disent les légistes, avant d'en appeler à l'opinion publique et au Sénat.

Devons-nous croire que, si une marche aussi hostile a été adoptée, c'est que l'industrie des charbonnages était poussée à bout par ses souffrances, qu'elle était sous l'influence d'une crise grave, que le secours qu'elle appelait était sa dernière ancre de salut? Nous avons examiné la situation d'où sort ce grave débat, et nous en sommes encore à nous expliquer la forme étrange de cette discussion.

C'est au public à juger, puisque c'est à lui qu'il en est appelé.

Les documents statistiques sur la production des houillères françaises, sur l'importation des houilles étrangères, sur les transports effectués par les voies navigables et les chemins de fer, sur les prix de revient et les bénéfices faits par les charbonnages, sont, la plupart, officiels.

L'administration des douanes fournit des états mensuels de l'importation des houilles étrangères.

Vient ensuite la statistique de la production minéralogique française dressée par l'administration des Travaux Publics, qui entre dans de grands détails sur les transports, les prix de revient et les prix de vente de la houille. Il y a quelques années, cette statistique paraissait annuellement; elle est malheureusement en retard de trois ans.

Les comptes des compagnies de chemins de fer et les documents statistiques à l'appui font aussi connaître les transports de houille par chemins de fer et les produits de ces transports.

Enfin, la situation financière des grandes concessions de charbonnages français est indiquée par les listes des valeurs industrielles.

Les éléments statistiques qui précèdent sont à peu près suffisants pour éclairer les questions qui s'agitent.

La production houillère était en France, en 1852, de 4,903,930 tonnes extraites de cinquante-six bassins, dont six seulement produisaient à eux seuls les huit dixièmes de l'extraction totale, à savoir :

Les bassins	de la Loire,	1,631,130 tonnes.
—	du Nord,	1,072,850
—	de Saône-et-Loire,	405,730
—	de la Grand'Combe,	385,160
—	de Commentry,	220,970
—	d'Aubin,	171,030
—	d'Epinac,	104,370
	Total	3,991,240

Treize bassins extraient de 25,000 tonnes à 100,000 tonnes chacun; les autres sont sans importance.

La production française a diminué, de 1847 à 1852, de 19,800 tonnes.

Les chemins de fer n'ont pu transporter, pendant cette période, qu'une très faible quantité de houille; ces chemins commençaient à peine, et les progrès mécaniques qui ont permis d'entreprendre les transports de houille à tarifs réduits n'étaient qu'à l'état de prévision dans l'esprit d'un petit nombre d'ingénieurs français.

L'absence de documents officiels ne permet pas de dire le chiffre de l'augmentation de la production française depuis 1852. Nous avons la certitude qu'elle a été importante. L'administration des mines de Belgique évalue l'extraction française en 1855 à 6,410,000 tonnes. Mais nous n'avons de chiffres officiels que pour quelques bassins, notamment la Grand'Combe, Commentry et Epinac (1).

L'augmentation de l'extraction en elle-même a d'ailleurs peu d'intérêt devant le fait plus significatif et incontestable de la prospérité actuelle et croissante des charbonnages, constatée par les listes des valeurs industrielles de ces concessions.

Les charbonnages de *la Loire*, mis en société, à une date assez récente, pour quarante millions, ont vu leurs actions de 500 fr. s'élever, par le fait de dividendes fructueux, au cours de 707 fr. 50 c. Ces charbonnages valent donc aujourd'hui 56,600,000 fr.

(1) L'extraction de la houille est indiquée dans la statistique de l'Administration des mines de Belgique comme suit :

Charbonnages	anglais	1854	61,661,400 tonnes.
—	belges	1855	8,258,416
—	français	1855	6,410,000

La consommation en France serait, en adoptant pour 1857 le chiffre d'extraction de 1855, ce qui ne peut être qu'un minimum :

En houille extraite des charbonnages français	6,410,000 tonnes.
En houilles étrangères importées d'Angleterre	1,154,390
— — — de Belgique	2,464,984
— — de Prusse (Sarrebruck)	678,834
— — d'autres provenances	28,278
	10,736,486 tonnes.

Les charbonnages du *Nord* sont dans la plus merveilleuse situation; il y a longtemps que le capital de cette entreprise s'abstient, sous le modeste nom de *parts* sans valeur nominale, d'offrir au public l'appréciation de son capital. C'est une des plus heureuses entreprises de notre époque industrielle.

Les charbonnages de *Saône-et-Loire*, capitalisés récemment à quinze millions, ont vu leurs actions s'élever de 500 fr. à 725 fr. : ils valent aujourd'hui 21,800,000 fr.

Les charbonnages de la Grand'Combe ont été capitalisés récemment aussi à 12,000,000 fr.; leur action s'est élevée de 500 fr. à 915 fr. Ils valent aujourd'hui 22,000,000 fr.

La prospérité du bassin de Commentry est un fait incontestable.

Le bassin d'Aubin est mis, par le chemin de fer d'Aubin à Montauban, à la veille de développements inespérés il y a six ans.

Enfin une publication récente indique que les bénéfices de la houillère d'Epinac se sont décuplés de 1852 à 1857.

Telle est la situation des grands bassins houillers de France; elle n'a jamais été plus brillante, et cela s'explique par une double circonstance, c'est que, par suite du progrès de l'art de l'ingénieur, le prix d'extraction a diminué, et qu'en outre, le prix de vente a singulièrement augmenté.

Le prix de vente de la houille a augmenté, non pas, hâtons-nous de le dire, sur les lieux de consommation, mais bien sur le carreau des mines, c'est-à-dire sur les lieux mêmes d'extraction, à l'orifice des puits d'où elle sort.

Le prix a diminué sur les lieux de consommation, parce que les chemins de fer ont pris une part des transports qu'effectuait la navigation ; nous verrons plus loin quelle est cette part. Ils l'ont prise parce que leurs ingénieurs ont fait faire à l'art de transporter des masses à bon marché des progrès auxquels la navigation n'a pas pu s'opposer par des progrès analogues.

A l'origine des chemins de fer, la lutte avec la navigation pour les transports de la houille était établie sur les prix de trois à cinq centimes par kilomètre que demandait la voie d'eau, et de sept à dix centimes que demandaient les chemins de fer. Depuis, les chemins de fer ont trouvé le moyen de transporter à quatre centimes, et la navigation a pu baisser également les prix, bien qu'exceptionnellement, à deux centimes. Mais ce dernier taux est son prix de revient ; il est, abstraction faite du capital d'établissement, supérieur à celui des chemins de fer.

Supposons une situation où une Compagnie de chemins de fer trouvera à alimenter, dans un sens, de forts transports de houille, et, dans le sens opposé, de forts transports de minerais. Avec des trains chargés de 420 tonnes ainsi continuellement pleins, elle réalisera un bénéfice net par train, au tarif de trois centimes et demi, de 11 fr. 20 c. par kilomètre parcouru; et, si elle a ainsi 500,000 tonnes, dans chaque sens cette Compagnie fera un bénéfice net de 26,500 fr. par kilomètre (1). Or, cette supposition n'a rien d'exceptionnel. Elle existe sur plusieurs points du territoire, entre les houillères de Sarrebruck et les minerais de la Moselle et de la Haute-Marne; les belles forges de Stiring se sont fondées sur de semblables conditions de transport. Elles existent aussi entre les houillères de la Loire et les minerais de Comté et du Berry, entre les houillères de Saône-et-Loire et les gîtes répandus avec tant de profusion entre Montbard et Chaumont et en bien d'autres endroits encore (2).

(1) Un pareil train coûtera :

En frais de traction et d'entretien du matériel	2 fr.	00	3 fr. 50
En frais d'exploitation.	1	00	
En part d'entretien de la voie.	0	50	

(2) Le dernier rapport officiel sur la production du fer en Angleterre établit que l'extraction du minerai a été de 10,483,309 tonnes et la fabrication de la fonte de 3,636,377 tonnes. Il a donc fallu 2860 kilog. de minerai pour fabriquer 1000 kilog. de fonte.

La valeur totale du minerai *sur le carreau de la mine* a été de 142,395,375 fr., soit 39 fr. 35 c. par tonne de fonte, *transport du minerai* non compris. Il résulte d'ailleurs de cette statistique que les minerais de fer parcourent des distances moyennes considérables à cause des mélanges dont les progrès de la fabrication ont démontré l'avantage.

En France, en 1849, l'extraction du minerai avait été de 1,091,027 tonnes; la fabrication de la fonte de 414,194 tonnes, soit 2520 kilog. pour fabriquer 1000 kilog. de fonte. La valeur de ce minerai était, *sur le carreau de la mine*, de 6 fr. 28 c. la tonne, soit 15 fr. 80 c. par tonne

A ce tarif, des distances de 300 kilomètres entre les minerais et les houillères n'arrêteront pas les transports, car à ces distances mêmes le prix des matières sera à un taux susceptible de mettre la fabrication du fer au niveau des prix de production anglais, et cela permettra enfin à la France de tirer parti, pour l'exportation du fer, de l'inépuisable richesse de ses gîtes de minerais.

Voilà l'avenir que les chemins de fer réservent aux bassins houillers et dont ils ont commencé la réalisation à Stiring et en faveur d'autres intérêts aussi essentiels que la fabrication du fer, ainsi que les faits suivants vont le démontrer.

Le prix de vente de la houille s'est élevé, dans ces dernières années, sur les fosses, de 15 à 36 p. 100. Cette augmentation a porté le bénéfice net des concessionnaires à un taux variable entre 2 et 5 fr. la tonne de houille extraite, et permet d'estimer le capital des concessions houillères entre 250 et 300 millions, avec les chances d'une plus-value considérable résultant de l'importance des richesses minérales qu'elles renferment et du progrès de la consommation.

Cette augmentation de prix, qui a fait des concessions

de fonte (Statistique de l'Administration des mines). Les choses ne sont changées aujourd'hui qu'en ce sens que les transports sont devenus faciles et économiques là où ils étaient dispendieux ou impraticables. Les différences qui précèdent sont bonnes à signaler aux fabricants de fer; elles relèveront leur courage.

de charbonnages l'industrie la plus heureusement partagée entre toutes celles qui ont obtenu des concessions de l'Etat, est due aux chemins de fer, dont l'influence a été de compenser, par des réductions sur les prix de transport aux lieux de consommation, l'augmentation que les concessionnaires faisaient subir à leurs produits sur les lieux d'extraction.

C'est ainsi que l'on a vu disparaître, dès la première année de l'exploitation du chemin de fer du Nord, l'énorme augmentation de 30 à 50 p. 100 sur le prix de la tonne de houille qui se réalisait tous les hivers à Paris. La consommation de l'hiver seulement étant de 200,000 tonnes, ce fut un abaissement de prix de près de cinq millions par an dont la population de Paris fut redevable au chemin de fer du Nord (1).

(1) Ces notes étaient écrites lorsque nous avons entendu, dans l'assemblée des actionnaires du chemin de fer du Nord, la réponse aussi simple que mesurée qu'a faite cette Compagnie aux attaques dont elle avait été l'objet de la part des concessionnaires des charbonnages. Nous la reproduisons ici par extrait du Rapport :

« Le transport de la houille présente, en 1857, une grande augmentation sur 1856.

Le tonnage a été de.	876,000 tonnes
au lieu de.	621,000 tonnes.
La recette a été de	6,000,000 fr.
au lieu de.	4,263,000 fr.

Cette augmentation tient à deux causes : à la réduction de nos tarifs et aux facilités nouvelles que nous avons données au public à Paris.

Depuis le 1er juin dernier, les prix de transport de la houille ont été réduits de manière à se rapprocher beaucoup de ceux qui avaient été

Ce n'est pas tout. Le prix de transport par la batellerie variant de 9 à 15 fr. la tonne, le chemin de fer le fixa

appliqués de 1852 à 1855. Nous avons, en outre, fait une réduction spéciale pour la provenance de Charleroy, afin de mettre, de ce côté, le tarif en harmonie avec celui des autres provenances.

Nos chantiers de dépôt ont été sérieusement installés à la gare aux charbons de La Chapelle-Saint-Denis; plus de 12,000 mètres carrés de superficie pavée sont donnés en location, à des conditions favorables, à plus de soixante négociants différents. Nous avons, en outre, organisé un camionnage spécial pour le transport à domicile des charbons dans Paris, en réglant les prix de ce camionnage par zône, de kilomètre en kilomètre, de manière à ne lui faire rendre que les frais qu'il occasionne.

Autrefois, l'achat direct à la houillère n'était possible que pour les gros consommateurs qui pouvaient faire venir à la fois un bateau contenant 200,000 kilogrammes de houille; aujourd'hui, avec le service du camionnage, l'achat direct est possible pour tous les consommateurs qui peuvent recevoir 10,000 kilog. à la fois. L'installation des chantiers de dépôt à La Chapelle a même permis aux marchands de charbons d'user du chemin de fer pour la vente au détail aux consommateurs qui ne sont pas en mesure de recevoir à la fois 10,000 kilog.

Ces améliorations ont été appréciées par le commerce, et elles ont amené un résultat, aujourd'hui acquis au public, qui nous paraît mériter d'être signalé : c'est que, malgré une gêne momentanée dans la navigation, le prix de vente du charbon n'a pas été augmenté cet hiver à Paris. Or, on connaît les énormes variations que déterminait précédemment toute difficulté, ou même toute appréhension relative aux arrivages. Le remède est venu des transports réguliers et considérables effectués par le chemin de fer qui, pendant les quatre mois de novembre, décembre, janvier et février, a amené à Paris 217,000 tonnes, c'est-à dire une moyenne de 1,800,000 kilog. de houille par jour.

Quant à la navigation, il n'est pas exact, comme beaucoup de personnes l'ont pensé, qu'elle ait subi une interruption causée par la sécheresse. Elle a été seulement gênée et obligée pendant quelque temps de réduire ses chargements. Il suffira que nous donnions ici quelques chiffres officiels pour faire justice des assertions erronées qui se sont répandues à ce sujet.

à 9 fr. 50 c. pour les charbons belges, à 8 fr. 50 c. pour les charbons français. C'était un tarif de 3c.33 par kilom., laissant une belle marge à la batellerie.

Dans cet état, la protection donnée aux charbonnages français par l'Etat et par les tarifs du Nord s'établissait par les chiffres suivants :

En droits de douanes sur les charbons belges.	1 fr. 80 c.
Transport des charbonnages à la frontière.	1 10
Do de Quiévrain à Anzin, différence de tarif du Nord.	1 00
Soit par tonne de houille. . . .	3 fr. 90 c.

D'après les relevés de la douane, il a été importé de Belgique en France, pendant l'année 1857, les quantités suivantes de houille :

Par l'Escaut à Condé.	1,044,000 tonnes.
Par la Sambre à Jeumont	680,000
Ensemble, par les deux voies navigables	1,724,000 tonnes.
Par le chemin de fer à Valenciennes. . . .	305,000 tonnes.
Par le chemin de fer à Jeumont.	270,000
Total par le chemin de fer. . .	575,000 tonnes.

La navigation a donc introduit en France trois fois plus de houille que le chemin de fer. Notre Rapport de 1856 a établi que les importations se répartissaient alors dans les mêmes proportions entre les deux modes de transport.

Voilà les faits : ils ne sont certainement pas de nature à confirmer ce que l'on a dit sur l'inaction forcée de la batellerie en 1857. D'un autre côté, ils ne justifient nullement les plaintes qui s'élèvent trop souvent au nom et en faveur des canaux. »

Cette protection était exagérée.

En effet, non-seulement les prix sur les fosses françaises s'élevèrent d'environ 35 p. 100, mais toute disposition a mettre la production au niveau de la consommation fut éteinte par le profit considérable que les charbonnages français trouvaient à escompter, par la hausse des prix, sans émission de nouveau capital, la protection toute artificielle dont ils étaient l'objet. La houille de Belgique fut chargée de suffire aux besoins croissants du commerce, et, de 1847 à 1857, l'importation s'en éleva, en France, de 1,686,820 tonnes à 2,464,984 tonnes.

La production française restait relativement stationnaire, et l'importation belge s'accroissait de 50 p. 100. Mais le capital des charbonnages français jouissait d'une augmentation pour ainsi dire proportionnelle aux progrès de l'importation belge.

Cependant il n'y a point de différence sérieuse à faire entre les frais d'extraction en France et en Belgique; les conditions naturelles et celles de la main-d'œuvre y sont, à très peu de chose près, les mêmes. C'est donc à un seul fait, *l'établissement du chemin de fer*, que les charbonnages du Nord doivent leur prospérité financière. C'est grâce à l'abaissement des prix sur les lieux de consommation, que ce chemin a produit, que les concessionnaires des houillères ont pu relever leur prix de vente sans que ce résultat ait été aperçu et ait excité l'attention publique sur le chiffre du droit protecteur.

Supposons cependant que la protection, au lieu d'être exagérée, eût été simplement suffisante : la lutte des deux charbonnages sur le territoire français non-seulement eût empêché l'élévation des prix, mais eût peut-être amené leur abaissement. Les concessions françaises du Nord n'eussent pas vu s'accroître leurs bénéfices de deux ou trois millions par an, mais le consommateur français eût économisé par année douze à quatorze millions sur le prix de l'extraction générale. Voilà la balance de la protection; les charbonnages du Nord sont-ils, devant ces faits, fondés à se plaindre des chemins de fer du Nord ?

Examinons maintenant les plaintes de la batellerie.

La production française et l'importation belge, dans le nord de la France, sont de 3,500,000 tonnes. La part des transports par chemin de fer a été, dans ce chiffre, en 1856, de 620,000 tonnes, c'est-à-dire environ le sixième.

Il restait 2,800,000 tonnes à la batellerie. Or, en 1848 et 1849, à l'époque où le chemin de fer ne transportait que 60 à 70,000 tonnes, la batellerie transportait 2,326,000 et 2,553,000 tonnes. Le chemin de fer n'a donc rien ôté à la batellerie.

Il a mieux fait :

Il y a, entre la houille et ses consommateurs, trois industries : l'*extraction*, représentée par les concessionnaires des charbonnages; le *transport*, représenté par la batellerie ou les chemins de fer, et puis le *commerce de vente*, représenté par les intermédiaires.

Les concessionnaires des charbonnages n'ont jamais eu en vue qu'une seule combinaison, la vente de la houille sur les fosses mêmes. Ils n'ont pas organisé de matériel de batellerie, ils n'ont pas établi des dépôts sur les lieux de consommation. Quand ils vendaient directement aux consommateurs éloignés, ils affrétaient des bateaux pour leur compte au cours du jour et se bornaient à faire une avance au batelier des droits de navigation et d'une partie de ses frais. Il est résulté de là que des intermédiaires ont dû se charger d'établir des dépôts sur les lieux de consommation; du choix des sortes sur les fosses; des conventions avec les bateliers; des avances à faire à ceux-ci; des assurances; des opérations à l'arrivée, telles que déchargement; du payement des octrois; du camionnage chez le consommateur ou chez le vendeur en détail, enfin des risques des crédits lors de la vente, etc.

L'intérêt des concessionnaires de charbonnages était de s'entendre avec les intermédiaires; ils ont centralisé leurs rapports avec un petit nombre d'entre eux qui, en peu d'années, ont acquis des situations considérables dans le commerce.

Quant à la batellerie, les deux intérêts réunis ont eu grand soin qu'elle ne s'organisât pas de manière à être obligés de compter avec elle. Il fallait la laisser divisée ; aussi tous les efforts faits pour la création de compagnies générales de navigation ont-ils été combattus et ont-ils échoué.

La batellerie se compose, aujourd'hui comme toujours, de mariniers propriétaires ou patrons d'un bateau, vivant en famille sur leur embarcation et ne demandant autre chose à leur industrie que les moyens nécessaires pour entretenir leur bateau, rembourser les frais de halage, payer leurs aides et vivre. Ces mariniers rentrent dans la catégorie des ouvriers gagnant trois à quatre francs par jour avec un instrument sur lequel ils ont dû souvent emprunter, et qui, en conséquence, ne leur appartient plus qu'en partie.

Il va sans dire que ni les concessionnaires de charbonnages, ni les intermédiaires, n'ont coopéré à cette organisation par l'établissement de relais ou la construction de bateaux. Le patron a toujours été, dans cette grande industrie, le souffre-douleur.

Les circonstances dans lesquelles la batellerie est placée sont d'ailleurs difficiles, parce que les besoins sont variables. La houille n'est pas un produit qui puisse supporter de grands frais de manutention et de mise en tas ; exposée à l'air libre, elle se convertit en menu et s'altère : on cherche donc à la transporter directement de la fosse au foyer sans transbordement. Or, la portion qui alimente les foyers d'industrie fournit seule des transports réguliers ; encore la production du gaz, celle du sucre indigène, la distillation des grains, ont-elles une marche irrégulière. Le chauffage domestique s'arrête l'été.

Les besoins varient donc, par moments, du simple au double, et comme l'extraction ne peut être suspendue, la houille qui ne doit pas être expédiée immédiatement est entassée sur les rivages, c'est-à-dire sur les ports des canaux ou des rivières.

L'intérêt d'éviter des frais de dépôt sur les lieux de consommation a donc pour résultat que le matériel de la batellerie correspond toujours aux transports les plus abondants, et présente en conséquence un excédant considérable aux époques de ralentissement de la consommation : au printemps par exemple.

Enfin, si par des perfectionnements dans les relais, tels que l'établissement récent du touage, la durée du voyage diminue, si le chargement des bateaux peut être augmenté par suite de l'amélioration des voies navigables, cela équivaut à un accroissement immédiat, c'est-à-dire à une surabondance du matériel, qui se trouve ainsi moins occupé.

Pendant le chômage des bateaux, les mariniers sont inactifs : de là des pertes qui avaient, il y a quelques années, amené cette profession à un état misérable. Or, ces hauts et bas de l'industrie des transports, les chemins de fer les ont en grande partie fait cesser. Ils ont commencé par transporter aux époques d'urgence des besoins; alors le matériel de la navigation a servi aux transports réguliers, et l'existence du marinier a été plus facile parce que le travail était plus certain. Les prix du fret s'en sont ressentis; ils sont devenus stables. Les chemins de fer n'ont nulle part abaissé leurs tarifs au-dessous d'un prix qui ne fût largement rémunérateur pour la batellerie, en y comprenant, bien entendu, les droits de navigation (1).

(1) Le chemin de fer du Nord a transporté la houille dans ces dernières années aux conditions suivantes :

ANNÉES.	QUANTITÉS transportées.	EXPRESSION des transports en tonne à 1 kilomètre.	PRODUIT du tarif.	TARIF par tonne à 1 kilomètre.
	t.	t.	fr.	f. c.
1853	278,418	41,729,956	1,599,911	0,03,83
1854	442,787	76,622,063	2,819,367	0,03,68
1855	651,670	117,379,676	4,312,618	0,03,68
1856	621,059	99,833,810	4,263,634	0,04,27
1857	876,275	145,293,677	5,999,910	0,04,13

Le tarif du Nord s'applique comme suit :

à 50 kilomètres	0 fr.	062
à 100 —	0	050
à 150 —	0	040
à 200 —	0	040
à 250 —	0	038
à 300 —	0	036

Enfin, et c'est là l'un des principaux services rendus par le chemin de fer du Nord, il a supprimé dans beaucoup de cas les intermédiaires entre les charbonnages et les consommateurs, et en général il les a forcés à réduire leurs bénéfices en substituant des relations simples et régulières à des relations compliquées et variables. Les services qu'il a rendus à cet égard peuvent être appréciés par la comparaison entre le prix de la houille rendue à Paris sans la participation des intermédiaires et le prix que payent les consommateurs qu'ils desservent.

Les compagnies du gaz hors Paris payent la houille, rendue dans leurs usines, 25 à 26 fr. la tonne de *tout venant*, c'est-à-dire telle qu'elle sort des fosses. Le même *tout venant* est vendu aux petits fabricants hors Paris 32 à 35 fr. La houille en fragments, c'est-à-dire triée pour l'usage des foyers domestiques, revient hors Paris aux acquéreurs directs 32 fr. Les intermédiaires en gros et en détail et le droit d'octroi l'amènent dans la consommation de nos ménages au prix de 50 fr.

Les chemins de fer, et en tête de toutes les autres compagnies, le chemin de fer du Nord, ont pris des dispositions qui enlèvent aux intermédiaires une forte part des ventes, ou qui réduisent leurs bénéfices, parce que la simplicité des opérations rend leur compte facile à faire. C'est en effet le propre des voies de transport perfectionnées et bien administrées de supprimer le parasitisme entre le producteur et le consommateur, au grand avantage de l'un et de l'autre.

Nous avons vu que la houille triée se vend, au détail, 50 fr. la tonne dans Paris. Déduction faite du droit d'octroi de 7 fr. 20 et du prix de transport de 10 fr. 50, il reste 32 fr. 30 c., qui se répartissent entre les concessionnaires des charbonnages et les intermédiaires.

La part de ces derniers est facile à faire par le prix auquel revient cette houille aux acheteurs directs, qui est de 22 fr. sur la fosse pour la houille triée, dite *gaillette ;* ce sera donc 10 fr. par tonne.

Que l'on déduise de cela les frais de manutention, de camionnage, de dépôt, les crédits, etc., on trouve encore un bien gros chiffre pour une marchandise dont l'extraction ne coûte pas, en moyenne, au delà de 8 à 10 fr.

Que veulent donc les concessionnaires des charbonnages ? Il serait intéressant de le savoir.

Ils ne désirent pas sans doute que les chemins de fer relèvent leurs tarifs ou fassent revivre les profits des intermédiaires ; ils ne désirent pas que la batellerie relève le fret : elle le pourrait assurément, les tarifs des chemins de fer laissent une marge suffisante ; ils savent bien que le nombre des bateaux n'a pas diminué, et que, proportionnellement au nombre de voyages qu'ils opèrent annuellement, il a plutôt augmenté.

Ce qu'ils veulent, c'est l'augmentation des prix de la houille sur les fosses, parce qu'ils savent bien que tous les abaissements du prix de transport ont successivement amené ce résultat.

Cette augmentation, on la demande à l'Etat. Est-ce juste, est-ce motivé ? Et puisqu'il est établi que les tarifs des chemins de fer sont supérieurs aux frets, l'Etat a-t-il un intérêt à intervenir?

Cela va nous conduire à examiner à quel titre l'Etat a donné les concessions de charbonnages et jusqu'à quel point les chiffres de vente peuvent faire supposer que ces conditions sont observées par les concessionnaires; mais recherchons avant si, sur un autre point du territoire, ils ont à se plaindre des chemins de fer.

Il nous faut reprendre les citations : « Les houillères de « la Loire et de Saône-et-Loire sont en possession des « marchés de la Champagne, qu'elles alimentent de temps « immémorial; survinrent les chemins de fer de l'Est, « qui leur enlevèrent ces marchés en transportant les « houilles prussiennes à des prix réduits, prix auquel le « chemin de Lyon ne veut pas transporter les houilles in- « digènes. »

Voilà un fait bien nettement précisé; il est le seul qui ait ce caractère dans l'exposé du Comité : il doit donc être le plus grave, celui sur lequel on a dû compter pour produire le plus grand effet dans la discussion.

Cependant, comme dans toutes les mauvaises causes, le fait le plus saillant est le plus erroné, et, fût-il exact d'ailleurs, il ne servirait pas à la discussion.

Il est erroné, parce que longtemps avant l'établissement du chemin de fer de l'Est le transport des houilles de Saône-et-Loire et de la Loire sur les marchés de la Champagne avait cessé.

Il serait inapplicable dans la question, parce qu'entre ces houillères et les marchés dont il s'agit il n'y a pas de voies navigables au delà de Gray; de Gray à Chaumont il n'y a jamais eu qu'une route de terre avant que le chemin de fer fût établi.

Il est erroné encore parce que le canal de la Marne au Rhin a été construit par l'Etat dans le but principal de répandre sur le territoire français les houilles prussiennes, et qu'il y réussit au moins en partie.

Depuis l'origine de la fabrication du fer dans la Marne, l'alimentation en combustible minéral se bornait à des quantités infiniment faibles. Aussi l'extinction de ces transports n'a-t-il pas empêché les bassins de la Loire et de Saône-et-Loire de porter leur production de 1,392,559 tonnes à 2,035,000 tonnes, de se capitaliser à 52 millions, c'est-à-dire à plus du double des sommes dépensées par les concessionnaires, et de faire gagner à leurs actionnaires, en outre de ce capital, 26,600,000 f.

Voici le fait en détail : les charbonnages de la Loire envoyaient, par la Saône, de la houille et du coke à Gray pour les forges de la Champagne; ces forges fournissaient de fer et de fonte les marchés de Châlons et de Lyon; de

Gray aux forges, la houille était transportée par retour de voitures et par la route de terre.

Quand les forges de la Loire ont fourni le marché de Lyon en fer et en fonte, ces transports ont cessé. Ils s'étaient élevés, en 1838, époque de leurs plus grands développements, à 16,400 tonnes pour le département de la Marne, à 1,800 pour Seine-et-Marne, c'est-à-dire à la cinquantième partie de l'extraction des charbonnages de la Loire et de Saône-et-Loire !

Telle est la valeur du fait avancé ; il est peut-être utile d'ajouter que les houillères de Saône-et-Loire n'ont jamais alors envoyé une tonne de houille sur les marchés champenois.

Enfin, le fait fût-il exact, il ne servirait pas à la cause, car il suffit de jeter les yeux sur une carte de France pour reconnaître que dans l'état des voies navigables, abstraction faite du chemin de fer, ce serait sacrifier la fabrication du fer que d'obliger les forges champenoises à demander la houille à la Saône, au lieu de la demander à la Prusse et au canal de la Marne au Rhin.

Justice faite des faits, entrons dans le cœur de la question que le Comité des houillères a soulevée. Elle a deux aspects.

Les concessionnaires des charbonnages ont-ils su concilier leur intérêt privé avec l'intérêt du pays ; sont-ils fondés à se faire les adversaires des chemins de fer et à signaler ceux-ci à l'opinion publique comme abusant d'un monopole?

Les propriétaires des charbonnages français ont obtenu de l'État leurs concessions à la condition d'exploiter les richesses minérales du sol de manière à servir les intérêts du pays.

L'art. 49 de la loi du 21 avril 1810, constitutive de la propriété minérale, stipule entre autres que, *si l'exploitation est restreinte de manière à inquiéter sur les besoins des consommateurs, il en sera rendu compte au ministre de l'intérieur pour y être pourvu ainsi qu'il appartiendra.*

Or, aujourd'hui, les houillères françaises ne fournissent que les six dixièmes de nos besoins.

Si nous étions en guerre avec l'Angleterre et avec la Prusse, nous serions privés d'un sixième de notre consommation en houille; sans aucun doute, la houille triplerait de prix sur les fosses : ce serait une perte de plus de cent millions pour les consommateurs, sans compter le préjudice général causé à l'industrie par le renchérissement.

L'inquiétude prévue par la loi de 1810 est donc aujourd'hui motivée; elle l'est bien plus devant les chiffres suivants. Les charbonnages français extraient au moins 6,000,000 de tonnes, sur lesquelles ils réalisent un produit net de 3 fr. 25 c. à 5 fr., soit au minimum 20,000,000 fr., qui, capitalisés à 6,5 p. 100, représentent une valeur de 300,000,000 fr. Or les travaux de recherches, ceux de préparation, n'ont pas coûté 80,000,000 fr., et ces travaux ont été amortis depuis longtemps. Cette prospérité fabuleuse a été obtenue au moyen d'un droit d'entrée protecteur sur la houille étrangère, qui fournit annuellement au Trésor 8,571,000 fr. Cette somme, capitalisée au même taux de 6,5 p. 100, représente 132,000,000 fr., c'est-à-dire près de la moitié du capital entier des charbonnages. Qu'avaient de mieux à faire devant l'exagération de ce tarif protecteur les concessionnaires des charbonnages français, sinon d'élever les prix de vente de la houille et capitaliser leurs concessions? A moins d'être des anges exclusivement animés de l'amour de l'humanité, ils devaient faire cela.

Quand, par l'exagération de la protection des droits d'entrée, un pays fait dévier une industrie de l'éternelle condition économique qui doit trouver plus de profit à beaucoup produire qu'à peu produire, il ne peut être conduit qu'à de pareilles conséquences.

Le droit protecteur donne-t-il ainsi inutilement 130,000,000 fr. de plus-value aux charbonnages; cette plus-value leur est-elle acquise en tout ou en partie; continuera-t-elle à s'augmenter à mesure des besoins croissants du pays, et verrons-nous s'accroître le prix de la houille sur les fosses à mesure que les moyens de transport se perfectionneront? Ce sont là des questions soulevées par les accusations des concessionnaires de charbonnages contre les Compagnies de chemins de fer.

Si les législateurs qui ont donné à la France la loi du 21 avril 1810 avaient prévu comment elle serait interprétée, ils eussent certainement pris d'autres précautions pour assurer au pays les avantages qu'il pouvait retirer de ses richesses minérales

Nous sommes bien embarrassés de conclure sur le véritable caractère de cette attaque. Elle nous paraît être le résultat de vaines terreurs. Son moindre défaut est d'être injuste et inopportune.

Que les concessionnaires des charbonnages aient démérité du pays en réclamant de tout temps des droits protecteurs et en en abusant pour restreindre leur production au-dessous des besoins de la consommation et élever le prix de la houille sur les fosses, cela est assez clair; mais qui n'aurait fait comme eux?

Que la France soit aujourd'hui, en ce qui concerne la houille, dans la situation que le système protecteur a toujours, à tort ou à raison, voulu éviter, à savoir : d'être dans la dépendance des pays étrangers pour l'un des besoins les plus essentiels de son industrie ou de sa consommation, cela est également clair, bien que ce ne soit pas davantage les concessionnaires des charbonnages qu'il en faille accuser.

Que nulle part en France il n'y ait un chemin de fer qui ait tarifé la houille au-dessous des frais normaux de transport par les canaux, y compris un centime de droit de navigation par kilomètre, et qu'en conséquence il n'y ait pas de ce côté indice d'un préjudice illégitime causé à la batellerie, personne ne peut le contester.

Où donc est le mal, où est le remède? Le mal, c'est que la houille est trop chère, parce que le bénéfice des charbonnages est exagéré; que le droit d'entrée est trop élevé et que les transports sont encore trop dispendieux.

Les remèdes sont indiqués par tous les faits de l'histoire de l'industrie.

Les houillères étrangères, placées dans les mêmes conditions que les nôtres quant au prix de revient sur les fosses, ont une distance plus considérable que les nôtres à franchir pour aborder chez nous les lieux principaux de consommation. Cette distance suffit à la protection de nos charbonnages. Que la houille étrangère soit donc d'abord exempte de droits d'entrée en France, et qu'elle puisse alors poser une limite naturelle au prix de la houille française sur les fosses.

La suppression du droit sur la houille est une question dont l'examen est opportun.

L'esprit de système décide, il est vrai, trop librement des intérêts de ce genre; il semble faire abstraction des pertes qui résultent non-seulement du maintien ou de la suppression du droit, mais de l'instabilité que donnent à la situation des industries ces perpétuelles discussions.

Ces graves inconvénients cesseront le jour où l'influence du droit de douane sur l'industrie sera discutée, non d'une manière générale, mais pour chaque produit.

Si on est d'accord qu'il faut aviser à ce qu'un jour tous les produits du travail puissent arriver à tous les marchés à des conditions égales, toujours est-il que l'accord cesse sur les moyens et le temps nécessaires pour atteindre ce but. Entre nations si différemment douées, si différemment gouvernées, l'égalité dans la force et la puissance industrielle n'existe pas ; l'inégalité est une cause de supériorité des uns et d'infériorité des autres tout à fait inacceptable depuis que le travail a fait, en politique, la force réelle des nations.

Mais ce sont là des généralités, et c'est par les questions spéciales seules que les solutions peuvent se produire Or, pour la houille, il est clair que le droit de douane ne produit aucun des avantages qu'on peut lui attribuer pour d'autres industries ; loin de favoriser le développement des charbonnages français, le droit a créé un intérêt à les capitaliser par la hausse factice que, devant les besoins croissants de la consommation, il a causée sur les prix. Le droit n'est pas un complément du prix de revient d'extraction et de transport comparé avec ceux des pays qui se disputent les marchés français ; les éléments naturels et ceux de la main-d'œuvre sont les mêmes. Le droit constitue donc une plus-value sans compensation pour le pays. Le droit n'a pas été ce qu'il doit être dans tous les cas, un stimulant au progrès ; il n'a pas porté les propriétaires des charbonnages français à s'associer pour faire des chemins de fer, perfectionner des voies navigables, constituer de gran les entreprises de batellerie. Ils se sont fusionnés, il est vrai, en Comité; mais aucune action, aucun projet, aucun progrès dans l'industrie des transports n'est sorti de cette fusion. Ils se sont même tenus étrangers, les uns systématiquement, les autres par timidité, à toute initiative dans les grandes entreprises de chemins de fer, et ce n'est que dans ces dernières années que nous les avons vus entrer dans cette nouvelle industrie.

A côté de cette mesure et dans l'intérêt des charbonnages français il faut encourager l'application sur les chemins de fer des tarifs différentiels, des tarifs combinés et des tarifs conditionnels.

Discutons l'influence de ce moyen avant de parler des autres.

La situation géographique et les conditions minéralogiques des bassins houillers français ont eu des conséquences qu'il faut connaître.

Entre les plus importants de ces charbonnages, ceux de la Loire, du Nord, de Saône-et-Loire, de Commentry, d'Alais et d'Aubin, les quatre premiers dépourvus de minerais de fer, les ont appelés à eux; les deux autres les trouvent sur place. Quelques autres industries, telles que les verreries, faisant une grande consommation de combustible, se sont également rapprochées des houillères. Il en est résulté que la consommation sur place a absorbé les sept dixièmes de la production française, et que ce n'est que pour la protéger sur le quart environ de ses extractions que l'industrie du pays paye un impôt annuel sur la houille étrangère de 8,500,000 fr. (1).

Reconnaissons en passant que le sacrifice n'est pas en rapport avec l'intérêt qu'il s'agit de protéger; mais poursuivons.

La situation géographique des bassins houillers français exige que leurs produits franchissent aussi de longues distances pour atteindre les centres de consommation qui appelleraient la houille étrangère faute d'autre au même prix.

La même nécessité de parcourir de grandes distances se fait sentir pour rapprocher la houille des gîtes de minerais de fer dont le sol français est très riche et qui sont privés de combustible.

Il faut donc faire arriver la houille sur ces points importants de consommation, et pour cela la batellerie a inventé, la première, le meilleur moyen : *c'est le fret différentiel*. La batellerie a, en effet, bientôt reconnu que la distance n'était qu'un des éléments du prix de revient du transport; qu'elle n'avait qu'une influence restreinte sur la durée du voyage; que le temps de charger et de décharger le bateau, la nature de la navigation, l'absence ou l'existence des chargements de retour étaient aussi des

(1) Ce fait est rendu bien saillant par le récent tableau de M. Minnard, inspecteur général des ponts et chaussées en retraite, sur la répartition de la houille consommée sur le territoire français.

éléments dont la combinaison entrait dans le prix de revient du transport, et que le fret devait être *proportionnel à son prix de revient.*

De là le fret différentiel, qui nous permet de tirer les produits de la Chine, de l'Inde et de l'Amérique, à un prix de transport double ou triple seulement de ceux du cabotage européen, tandis que la distance est ou décuple, ou centuple même.

C'est la grande loi de l'industrie que la base des prix de transport est leur prix de revient, et la batellerie a été des premières à le reconnaître; elle s'est toujours montrée très sensible à tout ce qui était une atteinte à cette loi.

Aussi, que de nombreuses et légitimes réclamations n'avait pas soulevées le tarif des canaux qui imposait partout, sans distinction aucune, des droits identiques quelques conséquences qui pussent en résulter pour l répartition des richesses minérales sur le territoire. C tarif était insupportable pour les longues distances; rendait les transports impossibles; il était contraire tous les principes, à tous les intérêts. On fut forcé d'entrer dans la voie des tarifs différentiels, sous diverse formes; puis les bateaux venant à vide virent le tarif retour très réduit, bien qu'ils exigeassent dans les écl ses une quantité d'eau égale aux bateaux pleins, etc.

On comprit que le péage, considéré comme un moy

de rémunération, peut être d'autant plus faible proportionnellement que la distance parcourue est plus grande, et qu'il n'y a de limite à l'application de ce principe que lorsqu'il conduit à l'affaiblissement du bénéfice du péagiste.

Si, transportant les houilles de Saône-et-Loire sur les gîtes minéraux de la Comté et de la Haute Marne, on peut rapporter des minerais en retour sur les houillères, et créer ainsi sur deux points à la fois des conditions de production telles que nous puissions alimenter de fer et de fonte l'Allemagne centrale, est-ce que toute ligne de navigation, tout chemin de fer qui pourra rendre un pareil service par un tarif ou un fret différentiel en y faisant un bénéfice, ne doit pas le faire légalement et légitimement?

Là où les distances entre les gîtes de minerais et nos houillères sont tellement considérables que nous ne puissions obtenir l'utilisation de ces minerais que par l'emploi des houilles étrangères, loin de repousser cet emploi, il faudra l'appeler par des combinaisons de tarifs qui permettent le rapprochement, si fécond pour notre industrie, de matières premières essentielles l'une à l'autre.

Le bassin de Sarrebruck vendait à la France en 1850 277,280 tonnes de houille. Le chemin de fer de l'Est a été établi, et, grâce à un tarif de cinq centimes, l'importation a été en 1857 de 678,834 tonnes, dont le chemin de fer a porté plus de moitié. Ces houilles sont transportées sur des points où l'industrie n'en peut pas employer d'autres. Les houilles françaises ne pourront remplacer celles-ci que lorsque les chemins de fer en exécution ou en projet seront terminés; mais alors, comme la distance à franchir sera beaucoup plus grande, elles demanderont un tarif différentiel, et l'intérêt des compagnies de chemins de fer sera de l'accorder, s'il en peut résulter le déplacement de masses telles, que le bénéfice, bien que réduit sur l'unité, soit plus fort sur la somme.

Il serait inexplicable que les charbonnages et la batellerie, qui ont un intérêt si évident, si général, à franchir économiquement de grandes distances, demandassent que le fret fût proportionnel à la distance parcourue, au lieu de l'être au prix de revient du transport. Ce serait la ruine de leur industrie.

Il en est de même des tarifs *combinés* entre compagnies.

S'il est possible, par des tarifs combinés entre plusieurs chemins de fer d'assurer, à notre territoire le transport de la malle des Indes, le transit entre l'Océan et l'Allemagne, le passage des marchandises étrangères et des voyageurs qui de nos ports de la Manche se rendent en Italie, en Suisse, en Allemagne et sur la Méditerranée, il faut combiner les tarifs pour encourager ces transports.

Dans le récent tarif du chemin de fer de Lyon il en est un *différentiel* qui abaisse à 32 francs par tonne, pour la distance de Paris à Marseille, le prix de transport des marchandises *destinées à l'exportation*. Paris et le Nord, Marseille et le Midi réclameront-ils contre ce tarif différentiel ?

Si les tarifs combinés et différentiels sont un moyen de faire franchir à la houille des distances très considérables, ils sont un bien, à tous les points de vue. Les compagnies de chemins de fer ne s'entendront jamais pour favoriser un bassin houiller au détriment d'un autre, parce que leur intérêt permanent est de développer la consommation générale. La preuve en est dans la brillante situation où ils les ont mis tous aujourd'hui ; elles s'entendront sur ce qui peut leur assurer le plus de bénéfice, c'est-à-dire le plus de transports, et cet intérêt sera une garantie généralement suffisante pour les bassins houillers.

Quant aux tarifs *conditionnels*, c'est-à-dire aux traités par lesquels des individus, des industries, s'obligent à donner exclusivement le transport de leurs produits à tels ou tels bateliers, à tels chemins de fer, il est merveilleux de les voir attaqués. L'Etat fait-il autre chose avec le service maritime de la Compagnie générale, avec la Compagnie des bateaux transatlantiques, et n'a-t-il pas si bien compris que c'était le seul moyen de faire faire économiquement ses transports, qu'il a fini par les imposer sur cette base aux chemins de fer sur toute la surface du pays ? Ne donne t-il pas aussi le transport exclusif des dépêches à certains services de messageries à des prix exceptionnels ?

Supposons un tarif conditionnel ayant pour base le transport à très bas prix de la houille sur la Beauce, la Brie ou la Lorraine, pour y alimenter les moulins à vapeur, à la condition que les meuniers donneront exclusivement le transport de leur farine en retour, qu'une concurrence s'établisse entre les chemins de fer et la batellerie sur un pareil intérêt, cette lutte ne sera-t-elle pas féconde au dernier degré pour le pays? Les charbonnages s'en plaindront-ils?

Il est inexplicable que dans ce pays de France, où la logique abonde, où assurément elle féconde plus qu'elle ne détruit, des gens raisonnables, des corps constitués pour l'étude d'intérêts sérieux, comme les Chambres du commerce, aient été chercher la base d'un *droit naturel*, d'un droit *exclusif*, dans le degré de latitude ou de longitude où chacun vit sur notre territoire!

Mais, avant la latitude et la longitude, avant la situation géographique, il y a le droit, comme individu, comme citoyen, d'exister sur tous les points du territoire au même prix, pour la même dépense, si cela est possible sans préjudice pour personne. L'individu a le droit de jouir de tous les progrès de l'industrie des transports, avant tout, parce qu'il est homme, et puis parce qu'il est citoyen d'un pays où il paie une part d'impôts pour laquelle il n'est fait acception ni de climat, ni de distance, ni de situation géographique; il a ce droit parce qu'il produit et qu'il consomme. Il a ce droit, malgré qu'il soit à telle ou telle longitude ou latitude dans le pays, à telle ou telle hauteur au-dessus du niveau de la mer, etc. Il n'y a rien, quoi qu'en dise le *Comité des houillères*, dans ce dernier ordre de *faits naturels*, qui puisse être invoqué contre lui; et si les progrès de la mécanique ont eu pour résultat patent et général que les transports à grande distance coûtent proportionnellement moins, ou rapportent plus à la batellerie ou aux chemins de fer que les transports à faible distance, ces progrès s'accompliront au profit de tous, sans que la plaine fertile ait à protester contre le plateau aride, sans que la riche vallée accuse la montagne, parce que les habitants du plateau et de la montagne verront s'améliorer sur leur sol, par l'économie des transports, les conditions de l'existence.

Les chemins de fer et la batellerie feront toujours, s'ils sont libres de faire tout ce que la loi n'interdit pas, des tarifs différentiels, combinés, conditionnels, propres en un mot à alimenter le plus grand nombre, hommes et industrie, de la manière la plus économique. La situation géographique sera un des éléments du prix, mais un seul, et plus le génie humain perfectionnera les moyens de transport, moins cet élément aura d'influence sur le prix. S'il pouvait disparaître, grand Dieu!

Il serait pénible, après tant d'années de discussions sur la saine et vraie liberté à donner au travail, d'être obligé de rappeler ces principes aux hommes qui, dans l'industrie, comptent parmi les plus éclairés, si leur opposition était bien convaincue; mais il est fait dans les mêmes questions et par les mêmes intérêts tout autant d'abus des plaintes contre la concurrence que des cris au monopole.

Placés dans des conditions d'indépendance et d'impartialité, les mêmes hommes qui se laissent le plus facilement amener à des mesures dont ils ne prendraient, seuls, ni l'initiative ni la responsabilité, conviennent tous les jours que non-seulement la liberté des compagnies de se mouvoir dans les tarifs concédés est légale, mais qu'il est utile qu'elle n'ait pour limite que le cas où elle préjudicierait à de grands intérêts en faveur d'intérêts de moindre importance. Ici, comme ailleurs, le droit commun seul établit des limites à l'usage que la loi n'interdit pas.

S'il en était autrement, la liberté dont jouissent les compagnies anglaises de se mouvoir dans les limites de leur tarif légal subsisterait-elle un seul jour dans ce pays si ennemi du monopole sous toutes ses formes?

Si, dans cet Eldorado du travail, où chacun sait son droit et le défend devant les juges, devant l'opinion et devant les pouvoirs publics avec une fermeté et une persévérance toujours efficaces, l'usage des tarifs différentiels, combinés et conditionnels, était considéré comme dérivé d'un monopole ou comme abus d'un monopole, il n'y aurait pas une lettre de voiture qui ne devînt l'origine d'un procès. S'il en est tout autrement, si en Angleterre, le pays du monde où il se fait le plus de transports et d'affaires, ce régime est accepté, n'est-ce pas qu'il est salutaire?

Examinons maintenant d'une manière plus spéciale les dangers que court la batellerie et ce qu'il convient de faire pour elle. Elle a assurément droit aux sympathies du pays, et même, quoi qu'on dise, à celles des compagnies de chemins de fer. Quelques uns ont eu l'occasion de reconnaître que la concurrence qu'elles peuvent avoir à en redouter dans certaines localités n'est pas à mettre en balance avec le trafic qu'elle leur apporte.

Peut-on se figurer pour les chemins de fer une épreuve plus sérieuse que le cas où l'immense source de production industrielle résultant de 13,000 kilomètres de voies navigables naturelles et artificielles que possède la France viendrait à se tarir. Cela est tellement clair qu'il n'y a que des esprits imprégnés de l'habitude de la lutte qui puissent supposer que les compagnies de chemins de fer veuillent systématiquement *écraser* et faire *disparaître* jusqu'à *l'existence de la batellerie.*

La pensée et l'intérêt qui anime les Compagnies dont la concurrence de la batellerie affecte le trafic ne sont ni de supprimer ni d'écraser la batellerie, parce que cela n'est ni facile, ni raisonnable, ni absolument désirable. Mais elles veulent, et à bon droit, régler le partage des transports suivant la nature des besoins du service public, l'importance relative des capitaux engagés et des profits à obtenir. Ce qui se passe sur la ligne du Nord est trop connu et c'est un exemple trop frappant de la possibilité d'une répartition des transports entre les deux voies qui satisfasse tous les intérêts pour qu'il soit utile de chercher un autre exemple de ce que l'on veut, et de ce qu'il convient de faire.

L'appel fait à l'Etat est-il fondé ? Doit-il concéder la gratuité des lignes navigables lorsqu'il met les chemins de fer dans la nécessité d'assurer un revenu à leur capital ? Sur quel principe économique une pareille demande est-elle basée ?

On concevrait encore que, l'art ayant dit son dernier mot sur les moyens de transporter économiquement par eau, les voies navigables étant amenées à leur perfection et leur entretien ne coûtant rien, la batellerie demandât pour la houille l'exemption du péage, s'il n'y avait pas d'autre moyen pour elle de conserver des transports à côté des chemins de fer. Or, non-seulement cette circonstance ne se produit pas, mais il est reconnu que l'avenir des voies navigables, c'est à-dire l'abaissement du fret, tient uniquement aux améliorations dont ces voies sont susceptibles ; il suffit que le port utile des bateaux s'accroisse par l'augmentation du mouillage ou des dimensions des écluses pour que des économies se réalisent. D'autres améliorations sont encore possibles dans le mode de halage ; la durée du trajet peut en être sérieusement diminuée ; les manutentions des chargements peuvent être faites plus économiquement. Chaque ligne de navigation présente une série de difficultés, d'inconvénients, de causes de retard et de frais, qu'il est possible de faire disparaître.

Loin donc de concéder la gratuité, l'intérêt de l'Etat est de concéder à des Compagnies le péage qu'il perçoit, à charge par elles de faire les améliorations qui puissent amener la diminution du fret.

La situation de l'Etat vis-à-vis des questions de travaux publics n'est d'ailleurs pas celle que l'on croit. Depuis que le produit des impôts s'est élevé d'un milliard à dix-huit cents millions, elle est restée la même, si elle n'a empiré, parce que la progression de ses charges a suivi celle du produit de l'impôt. Dans ces circonstances, les ressources qu'il peut appliquer à l'amélioration des rivières et des ports, à l'établissement des canaux et des chemins de fer, sont faibles, et l'impossibilité de les accroître est apparente. On est généralement d'accord qu'il n'y a pas lieu de beaucoup exiger de lui.

Le Gouvernement lui-même a si bien compris, par le succès des concessions de chemins de fer, que l'épargne privée entrerait avec ardeur dans les grandes industries appliquées sous son patronage aux travaux et aux services publics, qu'il a fini par s'en éblouir, et qu'il a cru pouvoir faire dévier l'épargne, des travaux immédiatement productifs, à ceux qui ne le sont pas. Il a, en conséquence, étendu les entreprises au-delà du rapport convenable entre la dépense et le produit, à la limite où elles cessaient d'être une spéculation acceptable pour l'industrie privée, et maintenant il sent la nécessité, devant le retrait et la défiance de l'épargne, de revenir au principe qui s'est montré si fécond et dont il peut tirer un si grand parti.

Il est prouvé pour tout le monde, autant par le bienfait que par la crise du principe, que l'avenir lui appartient, et que, le jour où l'Etat aura énergiquement rassuré le pays sur ses intentions de laisser à l'épargne qui demande à revenir aux entreprises de travaux publics tous les bénéfices que doit procurer la loyale interprétation, disons plus, la libérale interprétation des premiers contrats faits avec lui, il trouvera, dans l'épargne privée, pour ses rivières et ses canaux, pour ses ports et pour sa navigation, toutes les ressources que le travail produit incessamment en accumulation de capitaux quand il est bien dirigé.

L'exposé de la situation financière de l'Etat, en ce qui concerne les lignes navigables, est d'ailleurs utile à rappeler.

L'Etat a dépensé, de 1821 à 1834, en création et amélioration de lignes navigables, 630,000,000 fr. Par une coïncidence assez singulière, ses subventions en argent et en travaux non remboursés aux chemins de fer ont été, pendant la même période, de 630,000,000 fr.

Mais la spéculation financière de l'Etat sur ces deux grands besoins publics n'a pas eu le même résultat. L'Etat retire directement des chemins de fer, par l'impôt, le service des postes, celui des transports de la guerre, etc., c'est-à-dire, en recettes directes et en diminutions de dépenses, environ quarante-cinq à cinquante millions, et il a fait jaillir de l'épargne privée plus de deux milliards de capitaux accumulés, tout en réduisant les prix de transport, sur la plus grande partie de la surface du pays, au quart de ce qu'ils étaient; tandis qu'il donne régulièrement chaque année à la navigation des rivières et canaux 13,200,000 fr., et n'en retire, par l'impôt, que 10,400,000. La différence est grande, et l'on conviendra qu'au moins comme spéculation (et l'Etat a longtemps prétendu faire, par le droit de navigation, une spéculation directement rémunératrice), il a placé plus heureusement l'argent du pays dans les chemins de fer que dans les lignes navigables.

Cela tient-il à ce que les développements des transports par eau se seraient ralentis ?

Les budgets nous éclaireront à cet égard.

En 1838, le revenu des droits de navigation était de . . . . 5,013,316 fr.

Il était, en 1853, de. 10,683,407

et s'est maintenu à ce chiffre malgré les inondations, les sécheresses, deux hivers rigoureux et d'importantes réductions dans les droits de navigation résultant de l'extinction des concessions.

Sur les canaux particulièrement la progression a été incroyable : de 2,582,334 fr. en 1838, à 7,378,840 fr. en 1853.

Ce qu'il y a de merveilleux peut-être, c'est que les chemins de fer n'aient, dans ces dernières années, ni restreint ni ralenti les gros transports par voie navigable.

Dans cette période, le trafic opéré par la batellerie dans la partie fluviale des cours d'eau navigables sur lesquels la perception est faite par l'Etat équivaut au transport de 636,000,000 tonnes à un kilomètre. Sur les cinq grands réseaux de chemins de fer, qui, en 1856, exploitaient 5,000 kilomètres, le transport des marchandises s'est élevé à 1,597,470,091 tonnes à un kilomètre.

Il a donc été transporté 41,300 tonnes par kilomètre sur les voies navigables, et 319,000 tonnes par kilomètre sur les chemins de fer. C'est environ, *sans compter le service des voyageurs*, le rapport de 1 à 8 entre les voies navigables et les chemins de fer, dans l'expression relative de la puissance actuelle de transport. Il faut que la batellerie soit bien vivace pour que, malgré cet énorme développement des transports par chemin de fer, les voies navigables n'aient rien perdu.

Ces chiffres contiennent des enseignements sérieux, et aucun ne conduit à conclure, comme l'a fait le *Comité des houillères*, que la houille ne puisse supporter sur les canaux un tarif de un centime par kilomètre et par tonne.

Le fret, calculé indépendamment des droits de navigation, et dans les conditions normales de navigabilité, est de 1 c. 05 par tonne et par kilomètre. Les Compagnies de chemins de fer n'ont pas encore abaissé leur tarif à 2 c. 50 : donc il reste une grande marge pour le droit de 1 centime. Le jour où ce droit disparaîtra, les voies navigables seront privées de tous les perfectionnements qu'elles ont à attendre du progrès de l'art.

Les travaux récemment exécutés par l'Etat ont, sur la ligne de navigation du Nord, permis de porter le tirant d'eau des bateaux de 1 mètre 50 centimètres à 1 mètre 80 centimètres, et le chargement de 170 tonnes à 220 tonnes. L'économie qui en est résultée sur les frais de transport a été de 30 p. 100. Les droits de navigation ont été également réduits par l'Etat à mesure qu'il est rentré en possession des concessions et dans une proportion considérable.

Ces droits en ce qui concerne l'Etat sont les suivants : pour les combustibles, les matériaux, les minerais et engrais, sur les rivières, par kilomètre, 0 c. 15; sur les canaux, 1 centime.

Le prix de transport peut donc être calculé de la manière suivante : Sur les canaux, fret, 1 c. 05; droit, 1 c. total, 2 c. 05. Sur les rivières, comme l'Oise et la Seine, fret, 2 c.; droit, 0 c. 15 : total, 2 c. 15.

Est-il, devant des chiffres si bas, nécessaire de faire un nouvel abaissement des droits de navigation? A qui veut-on le faire croire? Les chemins de fer, qui sont directement en concurrence avec la batellerie, ont abaissé leurs tarifs, pour les distances au delà de 300 kilomètres, à un taux que l'on peut considérer comme normal dans l'état de l'art et dans la situation du matériel : c'est, par tonne et par kilomètre, sur le Nord à 3 c. 60, sur Lyon à 4 c., sur l'Est à 5 c. Ce sont là les chiffres qu'il faut mettre en comparaison avec le fret de la batellerie, de 2 c. 05 et de 2 c. 15, y compris les droits de navigation.

Nous le répétons, loin d'abaisser le droit actuellement perçu sur les canaux de 1 centime par tonne et par kilomètre, il conviendrait de se servir de son produit pour en faire la base de concessions nouvelles, à charge d'accomplir des travaux d'art ayant pour but l'augmentation des dimensions des bateaux, du tirant d'eau, du port en charge; d'établir aussi le touage et toutes les conditions d'art propres à amener la batellerie à une économie des frais de transport par le progrès de l'art de transporter par eau, mais non en affranchissant la navigation de toute part rémunératrice des travaux faits pour elle.

L'abaissement du droit sur la houille de 1 centime par tonne et par kilomètre sur les canaux pourra être provoqué le jour où les chemins de fer transporteront à 2 c. 05, si les frais de transport par eau sont restés à 1 c. 05; jusque là, comme ce droit ne couvre que les dépenses d'entretien et n'accorde qu'une très faible rémunération au capital d'établissement, qu'il permet en outre à la navigation de transporter à 30 ou 35 p. 100 au-dessous des chemins de fer, il n'y a pas lieu de le considérer comme exagéré.

C'est d'ailleurs une aberration de la part d'une grande industrie, celle des charbonnages en première ligne, de demander à l'Etat toutes les dépenses des services qui constituent une part du travail industriel.

Ce qu'il fait sous ce rapport devrait, à moins d'insuffisance de trafic, être rémunérateur.

S'il y a des raisons pour que la navigation soit gratuite et que l'Etat entretienne les canaux et les rivières avec le produit des impôts sur la propriété et les denrées, ces mêmes raisons lui feront un devoir d'extraire la houille des charbonnages et de la vendre au prix de revient, ou plutôt, pour appliquer pleinement les principes économiques du Comité des houillères, de la donner pour rien aux consommateurs.

La navigation et la batellerie sont assurément un des instruments les plus précieux dans notre constitution industrielle. Il faut stimuler tous les intérêts actifs vers les perfectionnements dont elles sont susceptibles, et c'est une erreur d'admettre que le dernier mot soit dit à cet égard. Mais le dernier de tous les moyens à employer dans ce but est de mettre à la charge exclusive de l'Etat les dépenses des travaux d'amélioration et d'entretien des voies navigables.

En résumé, ce sont les chemins de fer qui ont mis nos charbonnages dans la brillante situation où ils sont aujourd'hui. Ce sont les tarifs différentiels, combinés et conditionnels, qui sont le vrai moyen de maintenir et d'accroître cette prospérité en en donnant une part au consommateur par l'abaissement du prix de la houille.

Au sein d'une prospérité exceptionnelle, de capitalisations récentes qui excèdent de deux à quatre fois le capital dépensé utilement, le cri de guerre lancé contre les compagnies de chemins de fer par les concessionnaires des charbonnages, et l'accusation d'abus de monopole, sont un acte passionné et hors de saison qu'il était utile de renvoyer à une industrie dont les faits montrent à la fois, devant les besoins du pays, l'insuffisance et l'inactivité.

La position de la batellerie est digne de considération comme celle de toutes les grandes industries, bien qu'en ce moment ses souffrances et ses pertes soient moins vives que celles de l'industrie dont elle accuse l'esprit de concurrence; mais les principes réellement féconds et justes n'enseignent pas que l'Etat doive payer la gratuité des transports sur les voies navigables avec le produit d'impôts destinés à un tout autre emploi.

La suppression du droit de navigation n'est pas nécessaire pour conserver à la navigation l'avantage dont elle jouit en ce moment de pouvoir transporter la houille plus économiquement que les chemins de fer, avantage qui s'est manifesté par les développements considérables des transports par la batellerie depuis que les chemins de fer sont établis.

L'exemption des droits de péage sur les voies navigables enlèverait au Gouvernement et au pays la seule ressource qui leur reste, pour assurer l'avenir de la navigation, d'appeler le concours de l'épargne privée aux améliorations dont elle est susceptible.

8875 — Paris, imprimerie Guiraudet et Jouaust, 338, rue Saint-Honoré.

www.ingramcontent.com/pod-product-compliance
Ingram Content Group UK Ltd.
Pitfield, Milton Keynes, MK11 3LW, UK
UKHW020446180726
13839UKWH00004B/1648